目　次

- 前言 .... Ⅲ
- 引言 .... Ⅳ
- 1 范围 1
- 2 规范性引用文件 1
- 3 术语和符号 2
  - 3.1 术语 2
  - 3.2 符号 3
- 4 采空塌陷防治工程分级及设计安全系数 5
  - 4.1 采空塌陷防治工程级别划分 5
  - 4.2 采空塌陷防治工程设计安全系数 5
- 5 采空塌陷防治工程基本规定 6
  - 5.1 一般规定 6
  - 5.2 采空塌陷防治工程设计的依据和基础资料 7
  - 5.3 采空塌陷防治工程设计阶段及其要求 7
- 6 灌注充填法 9
  - 6.1 一般规定 9
  - 6.2 灌注充填范围 10
  - 6.3 灌注钻孔 10
  - 6.4 灌浆材料及配合比 11
  - 6.5 灌注施工参数 11
  - 6.6 灌浆量计算 11
  - 6.7 灌浆施工顺序和工艺要求 12
  - 6.8 质量检验 13
- 7 其他防治措施 14
  - 7.1 一般规定 14
  - 7.2 开挖回填法设计 14
  - 7.3 砌筑支撑法设计 16
  - 7.4 桩基穿(跨)越法设计 17
  - 7.5 井下巷道加固法设计 18
  - 7.6 井下防水闸门设计 18
- 8 采空塌陷防治工程监测 19
  - 8.1 一般规定 19
  - 8.2 采空塌陷变形监测的方法及要求 19
- 9 施工组织 20
  - 9.1 一般规定 20

9.2 施工组织设计内容和要求 ……………………………………………………………………… 21
10 工程质量验收 ……………………………………………………………………………………… 21
附录 A（规范性附录） 采空塌陷防治范围计算公式 ……………………………………………… 23
附录 B（规范性附录） 水泥粉煤灰浆和水泥黏土浆中各材料用量计算公式 …………………… 27

前 言

本规范按照 GB/T 1.1—2009《标准化工作导则 第1部分：标准的结构和编写》给出的规则起草。

本规范附录 A、B 为规范性附录。

本规范由中国地质灾害防治工程行业协会提出并归口。

本规范主编单位：中煤科工集团西安研究院有限公司、徐州中国矿大岩土工程新技术发展有限公司、中煤地质工程总公司。

本规范参编单位：陕西省地质环境监测总站、太原理工恒基岩土工程科技有限公司、江苏南京地质工程勘察院、广东省地质科学研究所、北京岩土工程勘察院、广东省工程勘察院。

本规范主要起草人：刘天林、王玉涛、刘小平、徐拴海、曹晓毅、汪成、张宝元、刘浩琦、毛旭阁、李珊、吴圣林、丁陈建、张立才、李成、赵志怀、肖亮、林希强、何怀峰、谢宝堂等。

本规范由中国地质灾害防治工程行业协会负责解释。

引 言

为提高采空塌陷防治技术水平,统一技术标准,贯彻执行国家的技术经济政策,做到安全适用、技术先进、经济合理、确保质量、节约能源、保护环境,特制定本规范。

本规范在充分研究国内外有关采空塌陷防治技术标准和较为成熟的方法技术基础上编写而成,并以各种方式充分征求了全国有关单位和专家的意见,经反复修改完善,最后经审查定稿。

T/CAGHP 012—2018

采空塌陷防治工程设计规范(试行)

1 范围

本规范规定了采空塌陷防治工程设计基本规定、采空塌陷分类及防治工程勘查、采空塌陷防治工程分级及设计安全系数、灌浆充填、开挖回填、砌筑支撑、桩基穿(跨)越、井下巷道加固、防治监测、施工组织、质量检验与工程验收等内容。

本规范适用于因地下固体矿床开采所引起的采空塌陷防治工程设计工作。

2 规范性引用文件

下列文件中的条款通过本规范的引用而成为本规范的条款。凡是注日期的引用文件,仅注日期的版本适用于本规范。凡是不注日期的引用文件,其最新版本(包括所有的修改单)适用于本规范。

GB 50007　建筑地基基础设计规范
GB 51044　煤矿采空区岩土工程勘察规范
GB 51180　煤矿采空区建(构)筑物地基处理技术规范
GB/T 50266　工程岩体试验方法标准
GB 50021　岩土工程勘察规范
GB 50830　冶金矿山采矿设计规范
GB 50197　露天煤矿工程设计规范
GB 50330　建筑边坡工程技术规范
JGJ/T 87　建筑工程地质勘探与取样技术规范
JGJ 79　建筑地基处理技术规范
GB 50007　建筑地基基础设计规范
JGJ 94　建筑桩基技术规范
JGJ 106　建筑基桩检测技术规范
GB 50003　砌体结构设计规范
GB 50010　混凝土结构设计规范
GB 50202　建筑地基基础工程施工质量验收规范
DZ/T 0286　地质灾害危险性评估规范
DZ 0238　地质灾害分类分级
JTG/T D31-03　采空区公路设计与施工技术细则
T/CAGHP 005　采空塌陷勘查规范
MT/T 5024　煤矿矿井巷道断面及交岔点设计规范
GB 50026　工程测量规范
JGJ 8　建筑变形测量规范

T/CAGHP 012—2018

3 术语和符号

下列术语和符号适用于本规范。

3.1 术语

3.1.1
采空区 mined-out area

地下固体矿床开采后的空间,及其围岩失稳而产生位移、开裂、破碎垮落,直到上覆岩层整体下沉、弯曲所引起的地表变形和破坏的地区或范围。

3.1.2
采空塌陷 goaf collapse

由于地下资源开采形成空间,造成上部岩土层在自重作用下失稳而引起的地面塌陷现象。

3.1.3
灌注充填法 grouting method

采用人工方法向采空塌陷区灌注、投送充填材料,充填、胶结采空区空洞及松散体以改善其物理力学性质的采空塌陷治理方法。

3.1.4
开挖回填法 excavation and backfill method

采用开挖的方式,将采空塌陷区岩土体挖除,并进行分层碾压回填,消除采空塌陷危害的方法。

3.1.5
砌筑支撑法 masonry support method

对洞室空间较大、顶板较稳定、通风条件良好的采空区,采用干砌、浆砌砌体或浇注混凝土等方法,以增强对采空区顶板支撑作用的处理方法。

3.1.6
桩基穿(跨)越法 pile foundation pass through(cross) method

利用桩基础穿透或跨越采空塌陷区,防止采空塌陷变形对上部建(构)筑物造成影响的方法。

3.1.7
井下巷道加固法 underground roadway reinforcement method

在井下通过对采空塌陷巷道加固的方式,阻止采空塌陷变形对上部建(构)筑物造成影响的方法。

3.1.8
围护带 safety berm

在确定采空塌陷防治范围时,为确保安全,在拟保护建(构)筑物周边划定的带状范围。

3.1.9
浆液结石率 stone rate

对采空塌陷区采用灌注充填法进行处理时,灌入浆液固结后的体积与所灌浆液原体积的比值,通常通过室内试验确定。

3.1.10
充填系数 coefficient of grouting

对采空塌陷区采用灌注充填法进行处理时,灌注浆液材料的固结体体积与治理范围内采空塌陷裂隙及空洞总体积的比值,是反映裂隙、空洞被浆液结石体及骨料充填的密实程度的指标。

3.1.11

回采率 mining rate

矿产采出量占工业储量的百分比。

3.1.12

浆液损耗系数 slurry loss coefficient

灌注充填法处理采空塌陷施工中,用于衡量因"跑、冒、滴、漏"等造成灌浆浆液损失的参数。

3.1.13

采空塌陷剩余空隙率 goaf collapse residential voidage

采空塌陷实际剩余孔隙的体积与矿产资源开采体积之比。

3.1.14

钻孔结构 borehole structure

构成钻孔剖面的技术要素。包括钻孔总深度,各孔段直径和深度,套管直径、长度、下放深度和固管深度等。

3.1.15

下行式灌浆 downward grouting

钻孔钻进与灌浆自上而下分层或分段交替进行的钻孔与灌浆作业,直至终孔。此方法适用于多层采空区治理,或地质条件特别复杂、地层破碎的单层采空区治理。

3.1.16

上行式灌浆 upward grouting

钻孔一次钻至设计深度,自下而上分段依次进行灌浆作业。根据分段不同,可划分为全孔一次性灌注和分段灌注。全孔一次性灌注适用于地层相对较完整的单层采空区治理;分段灌注适用于多层采空区,或地质条件特别复杂、地层破碎的单层采空区治理。

3.1.17

灌浆压力 grouting pressure

灌浆时,克服地下水压力和浆液流动阻力并使浆液扩散到一定范围内所需的压强,通常指钻孔孔口压力。

3.2 符号

i_0——地表允许倾斜值(mm/m),$i_0 = \pm 3$ mm/m;

k_0——地表允许曲率值(m^{-1}),$k_0 = \pm 0.2 \times 10^{-3}$/m;

ε_0——地表允许水平变形值(mm/m),$\varepsilon_0 = \pm 2$ mm/m;

$i_{基}$——采空塌陷防治工程实施后地表倾斜值(mm/m);

$k_{基}$——采空塌陷防治工程实施后地表曲率值(m^{-1});

$\varepsilon_{基}$——采空塌陷防治工程实施后地表水平变形值(mm/m);

F_s——设计安全系数;

S——采空塌陷治理面积(m^2);

M——矿层平均采出厚度(m);

ΔV——采空塌陷剩余空隙率(%);

K——矿层回采率(%);

A——浆液损耗系数；

η——浆液充填系数(%)；

c——浆液结石率(%)；

α——岩层倾角(°)；

$Q_总$——采空塌陷总灌浆充填量(m^3)；

$Q_单$——采空塌陷单孔灌浆充填量(m^3)；

R——浆液有效扩散半径(m)；

Q——开挖所需的回填总量(m^3)；

h——地表松散层厚度(m)；

H——采空塌陷上覆岩层厚度(m)；

V——放坡开挖实方(m^3)；

ψ——夯实系数；

P_z——砌筑法上覆荷载(kN)；

ρ_0——砌筑采空空洞影响高度内岩土体加权平均密度(g/cm^3)；

a——砌筑体宽度(m)；

b——砌筑体长度(m)；

l——砌筑体间距(m)；

H_a——砌筑采空空洞上覆岩土体影响高度(m)；

f_{cu}——试块强度(MPa)；

S_c——砌筑体表面积(m^2)，$S_c = a \cdot b$；

B——采空塌陷防治的宽度(m)；

D——建(构)筑物宽度(m)；

d——围护带宽度(m)；

D_1——采空塌陷上山方向覆岩移动影响宽度(m)；

D_2——采空塌陷下山方向覆岩移动影响宽度(m)；

φ——松散层移动角(°)；

δ——走向方向采空塌陷上覆岩层移动影响角(°)；

H_1——采空塌陷上山边界上覆岩层厚度(m)；

H_2——采空塌陷下山边界上覆岩层厚度(m)；

β——采空塌陷下山方向上覆岩层移动影响角(°)；

γ——采空塌陷上山方向上覆岩层移动影响角(°)；

β'——采空塌陷下山方向上覆岩层斜交移动影响角(°)；

γ'——采空塌陷上山方向上覆岩层斜交移动影响角(°)；

θ——围护带边界与矿层倾向线之间夹角(°)；

L_0——采空塌陷长度(m)；

W_c——水泥质量(kg)；

W_e——黏性土(或粉煤灰)质量(kg)；

W_w——水的质量(kg)；

V_g——水泥浆体积(L)；

a_c——浆液中水泥所占质量比例(%)；

a_e——浆液中黏性土(或粉煤灰)所占质量比例(%);

a_w——浆液中水所占质量比例(%);

d_c——水泥密度(kg/L);

d_e——黏性土(或粉煤灰)密度(kg/L);

d_w——水的密度(kg/L)。

4 采空塌陷防治工程分级及设计安全系数

4.1 采空塌陷防治工程级别划分

按照《地质灾害分类分级》(DZ 0238)、《地质灾害危险性评估规范》(DZ/T 0286)及《建筑地基基础设计规范》(GB 50007)的相关要求,根据受威胁对象的险情或受灾对象的灾情,以及防治工程施工难度和工程投资因素,将采空塌陷防治工程等级分为四级,见表1。

表1 采空塌陷防治工程分级

分级标准		防治工程分级			
		Ⅰ	Ⅱ	Ⅲ	Ⅳ
威胁或受灾对象	工程重要性	城市和村镇规划区、放射性设施、军事和防空设施、核电、二级(含)以上公路、铁路、机场、大型水利工程、电力工程、港口码头、矿山、集中水源地、工业建筑(跨度>30m)、民用建筑(高度>50m)、垃圾处理场、水处理厂、油(气)管道和储油(气)库、学校、医院、剧院、体育馆等公共设施	新建村镇、三级(含)以下公路、中型水利工程、电力工程、港口工程、矿山、集中水源地、工业建筑(跨度24 m~30 m)、民用建筑(高度24 m~50 m)、垃圾处理场、水处理厂等	小型水利工程、电力工程、港口工程、矿山、集中水源地、工业建筑(跨度≤24m)、民用建筑(高度≤24m)、垃圾处理场、水处理厂等	矿山地质环境类工程、农田等
	建筑基础设计等级	甲级建筑物	乙级建筑物	丙级建筑物	
伤亡人数	死亡(人)	≥100	100~10	10~1	0
	重伤(人)	≥150	150~20	20~5	<5
直接威胁人数(人)		≥500	500~100	100~10	<10
直接经济损失(万元)		≥1 000	1 000~500	500~50	<50
潜在经济损失(万元/a)		≥5 000	5 000~1 000	1 000~100	<100
施工难度		复杂	较复杂	一般	简单
工程投资(万元)		≥3 000	3 000~1 000	1 000~200	<200
注1:分级确定采取上一级别优先原则,只要有一项要素符合某一级别,就定为该级别。					
注2:表中工程重要性按《地质灾害危险性评估规范》(DZ/T 0286)标准执行。					
注3:表中的甲、乙、丙级建筑物按《建筑地基基础设计规范》(GB 50007)标准执行。					

4.2 采空塌陷防治工程设计安全系数

4.2.1 采空塌陷防治工程实施后,稳定性依据采空塌陷区地表变形进行计算,公式如下:

$$倾斜:F_s=\frac{i_0}{i_基} \quad \quad (1)$$

曲率：$F_s = \dfrac{k_0}{k_{基}}$ ……………………………… (2)

水平变形：$F_s = \dfrac{\varepsilon_0}{\varepsilon_{基}}$ ……………………………… (3)

式中：

i_0——地表允许倾斜值(mm/m)，$i_0 = \pm 3$ mm/m；

k_0——地表允许曲率值(m^{-1})，$k_0 = \pm 0.2 \times 10^{-3}$/m；

ε_0——地表允许水平变形值(mm/m)，$\varepsilon_0 = \pm 2$ mm/m；

$i_{基}$——采空塌陷防治工程实施后地表倾斜值(mm/m)；

$k_{基}$——采空塌陷防治工程实施后地表曲率值(m^{-1})；

$\varepsilon_{基}$——采空塌陷防治工程实施后地表水平变形值(mm/m)；

F_s——设计安全系数，F_s的选取见表2。

4.2.2 采空塌陷防治工程设计安全系数见表2。

表 2 采空塌陷防治工程设计安全系数推荐表

防治工程等级	Ⅰ	Ⅱ	Ⅲ	Ⅳ
安全系数 F_s	≥1.5	≥1.3	≥1.1	≥1.0

4.2.3 对于水利坝基及库区的采空塌陷防治工程设计，除了满足坝基的稳定性要求外，还应满足坝体渗透变形破坏、渗漏的相关要求，应列专题研究。

5 采空塌陷防治工程基本规定

5.1 一般规定

5.1.1 采空塌陷防治工程设计前，必须进行采空塌陷防治工程勘查，以判断采空塌陷场地的稳定性及对工程建设的危害性和适宜性。勘查及评价结论应作为采空塌陷防治工程设计的主要依据。

5.1.2 采空塌陷场地的稳定性及对工程建设场地的危害性和适宜性评价应符合现行国家标准《煤矿采空区岩土工程勘察规范》(GB 51044)及《采空塌陷勘查规范》(T/CAGHP 005)的有关规定。

5.1.3 采空塌陷防治工程设计应遵循"预防为主、防治结合、综合治理"的基本原则，对于条件复杂的采空塌陷区应采取避让措施。

5.1.4 采空塌陷防治工程设计，应以防治后地表不发生非连续变形破坏为基本要求。

5.1.5 采空塌陷防治工程设计应积极采用和推广可靠的新技术、新工艺和新材料，宜优先考虑利用工程所在地广泛分布存在的工程材料，合理利用矿渣、尾矿等废弃物，并应遵守国家现行安全生产和环境保护等有关规定。

5.1.6 采空塌陷防治措施主要有搬迁避让、灌注充填、开挖回填、砌筑支撑、桩基穿(跨)越、井下巷道加固、井下防水闸门、跟踪监测等。采空塌陷防治措施选择应符合下列规定：

　　a) 安全可靠，技术可行，经济合理。

　　b) 施工场地条件便利，施工工期合理。

　　c) 防治效果显著，符合环境保护及国家相关规定。

5.1.7 对以下类型采空塌陷防治工程，应在有代表性的区段进行现场试验和试验性施工，并应校核设计参数和施工工艺：

a) 防治工程等级为Ⅰ级和Ⅱ级的工程。
b) 无区域防治工程经验的工程。
c) 采用新材料或新处理工艺的工程。

5.2 采空塌陷防治工程设计的依据和基础资料

5.2.1 采空塌陷防治工程设计的依据主要包括立项任务书、可行性研究报告、工程勘查成果等。

5.2.2 采空塌陷防治工程设计的基础资料应满足各设计阶段的要求。主要包括以下方面：
a) 地形资料：地形图、平面图、剖面图和坐标控制点。
b) 气象水文资料：气温、降雨、水文等。
c) 勘查资料：开采矿层上覆岩层和地基土的地层岩性、区域地质构造、采空区开采历史、开采现状和开采规划，开采方式和顶板管理方法，采空区覆岩及垮落类型、发育规律、岩性组合及其稳定性程度，地下水的赋存类型、分布、补给排泄条件、变化幅度及其对采空区稳定性的影响，采空塌陷范围、程度、地表移动变形盆地特征和分布、裂缝、台阶特征和规律，采空区内有害气体的类型、分布特征和危害程度等。
d) 其他资料：施工场地的水、电、交通条件，排水、排污条件；振动的限制；防治工程勘查、设计及施工的地方经验；地方的材料及劳务价格等。

5.3 采空塌陷防治工程设计阶段及其要求

5.3.1 采空塌陷防治工程设计宜采用三阶段设计，即可行性方案设计、初步设计和施工图设计。对于应急抢险类项目，可视情况简化为一个或两个阶段设计，应急治理工程设计应与后续的长期治理相衔接，并为长期治理提供基础。

5.3.2 可行性方案设计阶段是采空塌陷防治工程设计的重要阶段，应根据防治目标，对采空塌陷的危害性和实施防治工程的必要性和可行性进行论证；根据防治工程等级，结合当地地质条件和工程特点，提出工程经济、技术可行的多种设计方案，并对各设计方案从技术、经济、社会和效益等多个方面进行全面的对比分析，提出优化的推荐设计方案，编制投资估算。该阶段设计应符合下列规定：
a) 可行性方案设计应在可行性研究阶段勘查成果的基础上进行编制。根据勘查成果，选定有关的岩土体物理力学参数，进行稳定性分析与评价；根据防治工程等级，选定设计安全系数，结合拟采取的工程措施，计算治理后采空塌陷的稳定性。
b) 可行性方案设计应从技术、经济、社会和效益等多个方面对两个以上的防治工程方案进行对比分析，提出优化的推荐设计方案；做到推荐方案安全可靠、技术科学、经济合理。
c) 可行性方案设计阶段的设计文件应以文字论述为主，辅以必要的方案图表。图表主要包括：
   1) 防治工程平面图：应标明地形地物、防治工程布置、采空塌陷分布位置及井上下对照图等要素，比例尺为1:10 000～1:5 000。
   2) 防治工程断面图：应标明地形地物、矿层或采空塌陷、防治工程等要素，比例尺为1:10 000～1:5 000。
   3) 综合地质柱状图：应包括所有可能开采的矿层深度，比例尺为1:5 000～1:2 000。
   4) 工程数量一览表、工程估算（总估算表、工程建设其他费用表、建筑安装工程费计算表等）。
   5) 必要的其他资料。

5.3.3 初步设计阶段应针对可行性方案设计推荐的方案,结合初步勘查成果进一步论证实现目标的可行性;对项目进行分解,提出具体的工程实现步骤,进行必要的工程试验,确定合理的工程设计参数,计算并分析对比采空塌陷处置前后的稳定性,确保防治工程安全及防治效果;编制以地质资料为主体的工程图件,进行工程概算。该阶段设计应符合下列规定:
- a) 初步设计应在可行性方案设计和采空塌陷初步勘查成果的基础上进行编制。
- b) 初步设计应根据采空塌陷初步勘查成果,结合场地工程地质条件,在进行必要的工程试验和室内模拟分析的基础上,按照防治工程等级,提出合理的工程设计参数。
- c) 初步设计应对采空塌陷处置前后的稳定性进行充分计算分析,确保防治工程安全有效。
- d) 初步设计应对采空塌陷监测工程、质量检验等内容提出建议。
- e) 初步设计应对采空塌陷防治工程进行效益、效果评估,包括工程实施后的经济效益、社会效益、环境效益及防灾效益。
- f) 初步设计阶段的设计文件宜文字说明与图表并重,并提交有关试验报告等内容。图表主要包括:
    1) 防治工程平面图:应标明地形地物、防治工程布置、矿山法定开采边界,采空塌陷的分布范围及开采时间,采空塌陷底板等高线,矿山开采规划,地面塌陷、裂缝位置,比例尺为 1:2 000～1:1 000。
    2) 防治工程断面图:应在地质断面[含建(构)筑物基础平面布置]上绘出采空塌陷的形态及"三带"发育范围,标明底板高程、地下水位线、防治工程布置等,比例尺为 1:1 000～1:500。
    3) 钻孔结构示意图:应包括钻孔总深度,各孔段直径和深度,套管直径、长度、下放深度和固管深度等要素,比例尺为 1:100～1:200。
    4) 工程数量一览表、材料用量一览表、工程概算文件(总概算表,工程建设其他费用表,建筑安装工程费计算表,人工、材料、机械台班单价汇总表,施工机械台班费计算表,建筑工程单价汇总表,单价分析表等)。
    5) 必要的其他资料。

5.3.4 施工图设计阶段是在初步设计及详细勘查成果的基础上,对初步设计确定的工程结构与构造进行细部设计,详细说明设计的基本思路,提出施工技术、施工组织、安全措施和施工工期等要求,以满足工程施工和工程招投标的要求;编制工程措施的具体结构、工程施工图件及说明,进行工程预算。该阶段设计应符合下列规定:
- a) 施工图设计应在防治工程初步设计及采空塌陷详细勘查成果的基础上编制,是对初步设计确定的工程图进一步细化。
- b) 施工图设计应详细说明设计的基本思路、原则、依据及标准,并对各分项分部工程提出具体的技术要求,详细计算工程数量及材料用量。
- c) 施工图设计应从施工条件、施工方法、施工工艺、施工顺序、施工安全、施工工期等方面对施工组织提出要求。
- d) 施工图设计应进行详细的监测工程设计,明确监测目的、方法、内容、工程量及相关要求,并应对防治工程施工过程质量控制、施工后质量检测与验收提出详细要求。
- e) 施工图设计阶段的设计文件宜以图表为主,辅以简要的文字说明。设计附图一般包括下列图件:
    1) 防治工程平面图:应标明地形地物、防治工程布置、矿山法定开采边界,采空塌陷的分布范围及开采时间,采空塌陷底板等高线,矿山开采规划,地面塌陷、裂缝位置,比例尺为1∶2 000～1∶1 000。

2) 防治工程断面图:应在地质断面[含建(构)筑物基础平面布置]上绘出采空塌陷的形态及"三带"发育范围,标明底板高程、地下水位线、防治工程布置等,比例尺为1∶1 000～1∶500。

3) 监测点布置图:应包括监测点类型、监测内容、方法等,比例尺为1∶5000～1∶2 000。

4) 钻孔结构详图:应包括钻孔总深度、各孔段直径和深度,套管直径、长度、下放深度和固管深度等要素,比例尺为1∶100～1∶200。

5) 结构详图:应包括浇筑孔口管结构图、监测点埋设结构图、施工工艺流程图等。

6) 其他图件:临时占地平面图、施工总平面布置图、灌浆站布置图等。

7) 控制点坐标及钻孔坐标一览表、工程数量一览表、材料用量一览表、浆液配比一览表、工程预算(总预算表,工程建设其他费用表,建筑安装工程费计算表,人工、材料、机械台班单价汇总表,施工机械台班费计算表,建筑工程单价汇总表,单价分析表等)。

8) 必要的其他资料。

5.3.5 对于采空塌陷防治工程等级为Ⅲ级和Ⅳ级,且地质及采矿资料齐全可靠的采空塌陷,可简化设计阶段。将可行性方案设计与初步设计合并,编制能达到初步设计要求的可行性方案设计。

6 灌注充填法

6.1 一般规定

6.1.1 灌注充填法适用于各类矿山采空塌陷防治,特别是矿层开采后覆岩发生了较严重的垮塌、滑落或顶板较完整的空洞但不具备井下施工条件(通风、排水等),经稳定性评价结果显示处于基本稳定或不稳定的采空塌陷区。

6.1.2 灌注充填材料除应满足环境保护要求外,所选用材料的规格、配比及各项指标均应满足采空塌陷防治工程的需要。

6.1.3 灌注充填施工前,应根据防治工程等级及项目特点,在具有代表性的区段进行现场试验和试验性施工,现场灌浆试验钻孔数量宜为设计灌浆孔总数的3‰～5‰,试验内容包括钻探成孔工艺、浇注孔口管工艺、浆液的配比、注浆设备、注浆施工工艺等,并按照动态设计、信息化施工的原则,校核设计参数和施工工艺,优化设计文件。

6.1.4 灌注充填施工时,为防止灌注浆液流失或采空塌陷中的积水进入矿井生产系统,影响矿井生产安全,造成次生灾害,宜在巷道中修建防水闸门,具体要求详见本规范7.6。

6.1.5 灌注充填设计说明应包括下列内容:
a) 工程概况,包括工程概述及主要勘查成果结论。
b) 设计原则、依据、等级及标准。
c) 治理工程设计,包括治理方案、治理范围、灌浆量计算、灌浆孔布设、灌浆施工工艺、施工技术要求、施工质量检测(包括施工过程质量控制及施工后质量检测)。
d) 工程监测设计,包括目的、原则及依据、监测等级、监测网络布置、监测周期及结束标准、监测成果要求、监测数据异常及处理。
e) 施工组织,包括施工条件、施工工期、临时征地范围等。
f) 其他工程说明,包括井下工程、临时占地环境恢复、保护煤柱留设、设计基准期。

6.2 灌注充填范围

6.2.1 采空塌陷灌注充填范围应根据地面工程保护范围、采空塌陷平面的分布、埋藏深度以及上覆岩性等因素综合确定。充填范围可按本规范附录A计算。

6.2.2 灌浆充填的平面边界不宜出现过多的边、角。当建(构)筑物受保护面积较小时,应视情况加大其范围,以避免在建(构)筑物受保护面积内因地表变形叠加而超过其允许变形值。

6.3 灌注钻孔

6.3.1 灌注钻孔宜采用梅花型方式,结合地面保护对象的平面分布布置。钻孔排距、间距应根据现场试验确定;在有经验的地区可根据采矿方法、覆岩地层结构及岩性、回采率、顶板管理方法、冒落带和裂隙带的空隙、裂隙之间的连通性,并根据防治工程等级,按表3综合确定。

表3 灌注钻孔排距和间距推荐值

序号	判别条件	排距(m)	孔间距(m) 建(构)筑物基础范围内	孔间距(m) 建(构)筑物基础范围外
1	有坚硬顶板,回采率不小于60%,采空塌陷冒裂带的岩石空隙、裂隙之间连通性较好	25±10	20±5	25±5
2	无坚硬顶板,回采率不小于60%,采空塌陷冒裂带的岩石空隙、裂隙之间连通性较差	20±10	15±5	20±5
3	有坚硬顶板,回采率小于60%,采空塌陷冒裂带的岩石空隙、裂隙之间连通性较好	20±10	15±5	20±5
4	无坚硬顶板,回采率小于60%,采空塌陷冒裂带的岩石空隙、裂隙之间连通性较差	15±10	10±5	15±5

注:防治工程等级为Ⅰ、Ⅱ时宜取"-",防治工程等级为Ⅲ、Ⅳ时宜取"+"。

6.3.2 采空塌陷治理范围外侧仍为采空塌陷,应在外侧边缘部位设帷幕钻孔,并宜按多排、梅花型方式布设,间距可取一般灌注孔间距的1/2~2/3,且不宜大于10m,偏差不宜超过钻孔间距的10%。

6.3.3 灌注钻孔施工中应开展施工地质工作,取芯孔的数量应为钻孔总数的3%~5%。取芯钻孔应为全孔取芯,对完整、较完整岩层,岩芯采取率应大于80%,对破碎岩层应大于70%,并应统计岩石质量指标RQD。

6.3.4 灌注钻孔孔深、孔径、止浆位置、灌浆管材料与管径设计应符合下列规定:

a) 当灌注钻孔位于采空塌陷边界范围以内时,应钻至采空塌陷底板以下1m处;当灌注钻孔位于采空塌陷边界外侧至岩层移动影响范围以内时,孔深可按本规范附录A.3计算确定。

b) 灌注钻孔开孔孔径宜为130 mm~150 mm,终孔孔径不应小于91 mm,当需投入骨料时,终孔孔径不宜小于110 mm。

c) 止浆位置应选择在孔壁围岩稳定、岩层无纵向裂缝发育地段,一般为钻孔进入完整基岩的5 m~8 m处。

d) 灌浆管材料应根据采空塌陷地层结构、破碎程度及治理深度综合确定,治理深度不超过50 m时可采用PVC管或PE管,治理深度超过50 m时可采用钢管。

e) 灌浆管管径不应小于Φ50 mm,需投入骨料时,管径不宜小于Φ89 mm。

6.4 灌浆材料及配合比

6.4.1 采空塌陷灌浆宜采用水泥、粉煤灰、黏土等材料，在满足设计要求的条件下，也可选用其他替代材料。

6.4.2 当采空塌陷空洞、裂隙发育或存在积水时，宜先灌注砂、砾石、石屑、矿渣等粗骨料，骨料粒径的控制标准以满足灌注施工为准。灌注过程中，可根据需要加入适量的水玻璃、三乙醇胺等添加剂改变浆液性能，缩短凝结时间。灌浆材料的规格要求应符合表4的规定。

表4 灌浆材料的规格要求

序号	原料	规格要求
1	水	应符合拌制混凝土用水要求，pH值大于4
2	水泥	强度等级不低于32.5级，普通硅酸盐水泥
3	粉煤灰	应符合国家二、三级质量标准
4	黏性土	塑性指数不宜小于10，含砂量不宜大于3%
5	砂	天然砂或人工砂，粒径不宜大于2.5 mm，有机物含量不宜大于3%
6	石屑或矿渣	最大粒径不宜大于10 mm，有机物含量不宜大于3%
7	水玻璃	模数2.4～3.4，浓度50°Bé以上

6.4.3 灌注材料的配合比应通过现场试验确定。浆液的浓度使用应由稀到浓，水固质量比宜取1∶1.0～1∶1.3。当治理影响带范围内的采空塌陷时，水泥宜占固相的15%，粉煤灰或黏土占固相的85%；当治理建(构)筑物下伏采空塌陷时，水泥宜占固相的30%，粉煤灰或黏土占固相的70%。骨料与浆液的质量比应根据勘查成果结合现场试验综合确定。

6.4.4 浆液材料用量计算按本规范附录B执行。

6.5 灌注施工参数

6.5.1 灌浆压力宜通过现场灌浆试验确定，以不出现地表隆起为控制标准。一般情况下，影响带范围内下伏采空塌陷灌浆压力宜控制在1.0 MPa～1.5 MPa，建(构)筑物下伏采空塌陷灌浆压力宜控制在2 MPa～3 MPa。

6.5.2 单孔灌浆结束标准：灌浆结束压力宜为灌浆压力的1.5～2.0倍，灌浆压力达到设计结束压力后，单位时间灌浆量应小于50 L/min且持续时间超过15 min作为结束灌浆控制标准。

6.6 灌浆量计算

6.6.1 灌浆总量 $Q_总$ 可按式(4)计算：

$$Q_总 = \frac{A \cdot S \cdot M \cdot K \cdot \Delta V \cdot \eta}{c \cdot \cos\alpha} \quad\quad\quad\quad (4)$$

式中：

$Q_总$——采空塌陷总灌浆充填量(m^3)；

A——浆液损耗系数，可取 $A=1.0～1.2$；

S——采空塌陷治理面积(m^2)；

M——矿层平均采出厚度(m)；

K——矿层回采率(%)，通过实际调查确定；

ΔV——采空塌陷剩余空隙率(%);
η——浆液充填系数(%),可取 η=85%～95%;
c——浆液结石率(%),经试验确定,无试验数据时 c=70%～95%;
α——岩层倾角(°)。

6.6.2 单孔灌浆量 $Q_{单}$ 可按式(5)计算:

$$Q_{单}=\frac{A \cdot \pi \cdot R^2 \cdot M \cdot \Delta V \cdot \eta}{c \cdot \cos\alpha} \quad\quad\quad\quad (5)$$

式中:
R——浆液有效扩散半径(m),按 1/2 孔距计算;
其他符号意义同前。

6.6.3 采空塌陷剩余空隙率应根据采空塌陷勘查成果确定。对于未进行勘查的采空塌陷,可初步按以下三种方法确定:

a) 利用矿山已有的沉降及采空塌陷观测资料:可先计算采空塌陷上方地面的最大沉降量,通过已有的观测资料确定已完成的沉降量,空隙率为两者的差值与地面的最大沉降量之比。
b) 对于长(短)壁式开采的采空塌陷,利用地区已有的工程资料:一般情况下闭矿时间在 5 年之内,取值在 20%～40%之间;闭矿时间在 5 年以上,取值在 10%～20%之间。
c) 对于部分开采(房柱式或条带式)的采空塌陷,通过调查治理范围内采空塌陷的回采率来确定。

6.6.4 充填系数应根据设计安全系数确定。一般情况下,治理影响带范围内下伏采空塌陷治理充填系数应达到 85%～90%,建(构)筑物下伏采空塌陷治理充填系数应达到 90%～95%。

6.7 灌浆施工顺序和工艺要求

6.7.1 施工应按下列顺序进行:

a) 先施工边缘帷幕孔,后施工中间灌注孔,形成有效的止浆帷幕,阻挡浆液外流。
b) 钻孔应分序次间隔进行,宜分二至三个序次成孔,第一序次孔对采空塌陷可以起到施工地质工作的作用,根据实际地层及采空塌陷情况对后序孔的孔位、孔距、孔数进行适当调整,弥补均匀布孔设计的不足。
c) 灌浆应间隔式分序次进行,第一序次孔浆液可能扩散范围较大,第二、三序次孔灌浆将使前序次未充填的空洞得到充填。
d) 倾斜煤层采空塌陷应先施工沿倾向深部采空塌陷边缘孔,采取从深至浅的施工序次。

6.7.2 灌浆施工工艺可按以下三种情况选择:

a) 当采空塌陷为单层采空塌陷时,宜采用一次成孔、自下至上,一次全灌注施工。
b) 当采空塌陷为多层采空塌陷,矿层间隔较小,各矿层冒落、裂隙带互相贯通时,宜采用上行法灌浆施工工艺,一次成孔、自下至上,分段灌注施工。
c) 当采空塌陷为多层采空塌陷,矿层间隔较大,各矿层冒落、裂隙带没有互相贯通时,宜采用下行法灌浆施工工艺,自上至下,分段成孔,分段注浆。

6.7.3 对于存在较大空洞的采空塌陷,需投入骨料(矿渣、风积砂等),骨料与浆液可采用孔内混合或孔外搅拌混合两种施工工艺。施工工艺选择应符合下列规定:

a) 对于地形起伏大,施工条件差,且存在大量空洞的采空塌陷,宜采用孔外搅拌的施工工艺,浆液与骨料混合物可采用泵送的方式进行输送。
b) 浆液与骨料混合物的强度指标应符合设计要求。

6.7.4 对于充水采空塌陷区,可灌注砂、砾石、石屑、矿渣等粗骨料,或采用低压浓浆灌注、添加速凝剂、间歇灌注及疏排水等措施保障灌注效果;治理方案应进行专项技术论证。

6.8 质量检验

6.8.1 主要灌注材料和浆液性能检验应符合下列要求：
   a) 灌注所用的水泥,每个批号均应进行检测,同一批号的水泥产品超过 300 t 时,每 300 t 应检测 1 次。
   b) 灌注所用粉煤灰可按每 500 t 检测 1 次。
   c) 灌注量每达 400 m³ 时,应制作一组浆液试样,每组 3 块。灌注浆液试块宜采用边长 70.7 mm 的立方体,测定其立方体抗压强度,养护条件应与结石体在采空区内的工作环境相近。
   d) 浆液试块性能测试可按现行《工程岩体试验方法标准》(GB/T 50266)中的相关规定执行。
   e) 当同一灌注孔采用了多种配合比浆液时,每一种配合比浆液均应测定上述参数。

6.8.2 灌注材料存放、运输应符合下列要求：
   a) 水泥在存放及运输时应注意防潮,并按强度、产地、等级、品种及进场日期分区堆放。
   b) 当水泥受潮或存放时间超过 3 个月时,应重新取样检验。
   c) 粉煤灰在存放、运输过程中不得与水泥等粉状材料混堆。

6.8.3 采空塌陷灌注处理工程质量检验宜在施工结束 3 个月后进行,检测结果应满足设计要求。

6.8.4 采空塌陷灌注处理工程质量检测项目、方法、要求及标准,应符合表 5 的规定。

表5 工程质量检测项目、方法、要求及标准

序号	检测项目	检测方法	检测要求	检测标准
1	岩芯采取率	钻探	满足《建筑工程地质勘探与取样技术规范》(JGJ/T 87)	不应小于 65%。
2	结石体无侧限抗压强度 R_c(MPa)	钻探、室内试验	满足国家有关标准要求	防治工程等级为Ⅰ、Ⅱ级不应小于 2.0 MPa,防治工程等级为Ⅲ、Ⅳ级不应小于 0.6 MPa
3	横波波速 v_s(m/s)	孔内波速(跨孔CT)	竖向间距宜为 1.0 m	防治工程等级为Ⅰ、Ⅱ级不应小于 350 m/s,防治工程等级为Ⅲ、Ⅳ级不应小于 250 m/s
4	钻探描述与孔壁完整性	钻探、岩芯描述、孔内电视	描述满足《岩土工程勘察规范》(GB 50021)	钻进过程中无掉钻、循环液漏失、孔口吹吸风等钻探异常现象,采空区冒落段浆液结石体明显,孔壁完整,无明显裂隙
5	电阻率	电法探测	满足国家有关标准要求	与工程治理前相比,工程治理后电阻率充水采空塌陷区明显提高,无水采空塌陷区明显降低
6	倾斜值 i(mm/m)	变形监测	满足《煤矿采空区岩土工程勘察规范》(GB 51044)及《采空塌陷勘查规范》(T/CAGHP 005)的有关要求	应符合设计要求
7	水平变形值 ε(mm/m)			
8	曲率值 k(m⁻¹)			

注1:1~4项为基本检测项目,5~8项为辅助检测项目。
注2:全部基本检测项目达到设计要求及检测标准时,施工质量为合格;有一项基本检测项目未达到设计要求或检测标准时,施工质量为不合格,应进行综合分析,并应制定补救措施方案。辅助检测项目可根据设计要求进行检测。
注3:采空塌陷结石体抗压强度指标适用于地基主要受力层以外的采空塌陷防治范围,对于建筑地基主要受力层范围内,尚应满足建筑荷载使用要求。

6.8.5 检查钻孔施工应采用回转钻进、全孔取芯钻探工艺，单一回次岩芯采取率不宜小于90%，取芯钻孔孔径不应小于91 mm。岩芯描述内容应符合现行国家标准《岩土工程勘察规范》(GB 50021)要求。对充填胶结混合结石体应重点描述浆液对空隙和裂隙的充填胶结程度、浆液结石体的坚硬程度、完整性等。

6.8.6 钻孔检测数量应为灌注孔总数的3‰～5‰，并不少于3个。防治工程等级为Ⅰ、Ⅱ级工程及施工过程中出现异常的地段，应重点布置钻探检测孔。

6.8.7 波速测试检测灌注充填施工质量应符合下列规定：
   a) 应以采空塌陷受注层的平均剪切波速作为评价采空区灌注施工质量检测的指标。
   b) 应从采空塌陷勘查时的波速测试成果与灌注施工质量检测结果的对比，分析评价采空区灌注施工的质量。

6.8.8 对埋深小于30 m的浅层采空塌陷，可通过探井、探坑直接观测采空塌陷受注层的浆液充填和结石情况，确认剩余空洞情况，测试结石体强度，计算采空塌陷充填系数。

6.8.9 采用压浆试验方法对采空塌陷处理效果进行检测时，压浆浆液配比、终孔条件等工艺参数应与灌注施工相同。

6.8.10 灌注处理质量检测报告的内容应包括工程概况、检测项目、检测方法、试验报告、工程质量和灌注效果综合评价等。

7 其他防治措施

7.1 一般规定

7.1.1 其他防治措施选择应在详细勘察的基础上，充分结合现场的施工条件，通过多方案技术经济对比后确定。

7.1.2 对于以大规模开挖回填或残留矿柱回收的采空塌陷，设计单位资质应符合国家相关要求。

7.1.3 其他防治措施治理的采空塌陷，工程质量评定及竣工验收应符合国家现行有关标准的规定。

7.2 开挖回填法设计

7.2.1 开挖回填法适用于采空塌陷埋深小于20 m、不规则开采且无重复采动、规模较小的采空塌陷或巷道防治工程。

7.2.2 开挖回填法在周围环境允许的条件下，可采用爆破采空顶板并配合高能量强夯法施工，爆破施工作业必须符合国家安全生产的有关规定。

7.2.3 应根据采空塌陷特征、拟建建(构)筑物体型、结构特点、荷载性质、施工机械设备及回填材料的来源等综合考虑，进行开挖回填设计，并选用施工方法。

7.2.4 开挖回填平面范围为采空塌陷治理平面范围与放坡在水平面上的投影范围之和；开挖回填深度不小于采空塌陷埋深，并应符合本规范附录A规定的治理范围。

7.2.5 开挖回填放坡的坡率值应符合《建筑边坡工程技术规范》(GB 50330)的要求，根据边坡稳定性计算与评价综合确定，有工程实际经验的地区，按工程类比的原则并结合当地已有稳定边坡分析实例确定。

7.2.6 防治工程范围内存在煤层自燃时，应首先进行防灭火处理。

7.2.7 对于大规模开挖回填或残留矿柱回收，开拓系统、排土方式、疏排水、边坡稳定性、绿化复垦、环境影响等应符合《冶金矿山采矿设计规范》(GB 50830)及《露天煤矿工程设计规范》(GB 50197)的相关规定。对开挖揭露的煤柱应按资源管理的相关规定进行处理。

7.2.8 采空塌陷回填材料的选择,应遵循因地制宜、就近取材的原则,满足环境保护要求。可选用砂石、粉质黏土、灰土、粉煤灰及其他工业废渣等,并宜优先选择利用开挖产生的土石材料。常用的回填材料可按下列类型选取:

a) 碎块石:碎块石最大粒径宜小于 250 mm,且不均匀系数应大于 50%。
b) 黏性土:土料中有机质含量不得超过 5%,不得含有冻土或膨胀土。当含有碎石时,其粒径不宜大于 50 mm。
c) 灰土:体积配合比宜为 2∶8 或 3∶7。土料宜用粉质黏土,不宜使用块状黏土和塑性指数小于 7 的粉土,其颗粒不得大于 15 mm;石灰宜用新鲜的消石灰,拌合后应过筛,其颗粒不得大于 5 mm。

7.2.9 回填材料应分层压实,压实控制标准见表 6。

表 6 各种回填材料的压实标准

施工方法	回填材料	压实系数 λ_C
振动压密	碎石(采空剥挖)	0.94
	黏性土	0.96
	灰土(2∶8/3∶7)	0.95

注:压实系数 λ_C 为土的控制干密度 ρ_d 与最大干密度 ρ_{dmax} 的比值;土的最大干密度宜采用击实试验确定,击实试验设备宜结合施工设备确定;碎石或砂石的最大干密度可取 2.1 g/cm³。

7.2.10 回填材料宜分层铺设,可按细~粗韵律搭配设置,各层厚度可按 0.50 m~0.80 m 控制。当底层有地下水分布时,首层应以碎块石材料回填,以人工插挤碎块石并用砂砾石充填缝隙。基底直接持力层宜设置灰土或黏性土层。

7.2.11 开挖回填工程量按式(6)计算:

$$Q=\frac{S \cdot (M \cdot K+H+h)+V}{\psi} \quad \quad (6)$$

式中:
Q——开挖所需的回填总量(m³);
S——采空塌陷治理面积(m);
M——矿层平均采出厚度(m);
K——矿层回采率(%);
H——采空塌陷上覆岩层厚度(m);
h——地表松散层厚度(m);
V——放坡开挖实方(m³);
ψ——夯实系数,根据上覆岩土体密实度可取 $\psi=0.85\sim0.95$。

7.2.12 开挖回填法施工质量检验应符合《建筑地基处理技术规范》(JGJ 79),检验内容包括开挖坡率、回填施工的质量、承载力等,具体要求如下:

a) 开挖坡率应符合设计要求,且能满足施工安全需要。
b) 回填的施工质量检验应分层进行,在各层的压实系数符合设计要求后再铺设下一层土。

c) 黏性土、灰土的施工质量检验可采用环刀法、试坑法、触探或标准贯入试验检验。采用环刀法或试坑法检验施工质量时,取样点应位于每层厚度的 2/3 深度处,且每 100 m² 不应少于 1 个检验点;采用试坑法时,试坑尺寸不小于 30cm×30cm×30cm;采用触探检验时,检测点的平面位置宜随机抽取。当有工作经验时,可采用剪切波速进行质量检验。

d) 承载力应满足设计要求,宜采用载荷试验检验垫层承载力,单体工程不宜少于 3 点;对于大型群体工程可按单体工程或基坑的面积确定检验点数量,各单体工程或每 500 m² 基坑不少于 1 个检验点。

7.3 砌筑支撑法设计

7.3.1 砌筑法适用于非充分采动、采空塌陷未塌落、顶板完整、空间较大、通风良好、安全性好,并具备人工作业和材料运输条件的采空塌陷。

7.3.2 砌筑施工作业环境条件必须符合国家安全生产的有关规定,确保施工人员人身安全。

7.3.3 砌筑材料的选用应符合环境保护要求,其质量等级应满足设计要求。

7.3.4 砌筑法处理的采空塌陷范围,应为本规范附录 A 所规定的治理范围内的采空区采煤工作面、采空巷道等。

7.3.5 砌筑法采空塌陷防治砌筑体实际承受荷载(P_Z)可按照公式(7)计算(图1)。

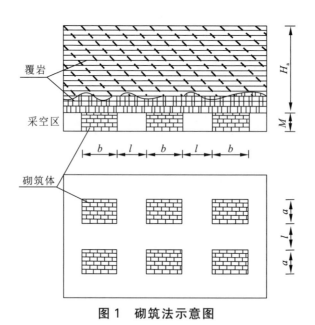

图 1 砌筑法示意图

$$P_z = 10\rho_0 \cdot H_a \cdot (a+l)(b+l) \quad \cdots\cdots\cdots\cdots\cdots\cdots\cdots (7)$$

式中:

P_z——砌筑法上覆荷载(kN);

ρ_0——砌筑采空空洞影响高度内岩土体加权平均密度(g/cm³);

a——砌筑体宽度(m);

b——砌筑体长度(m);

l——砌筑体间距(m);

H_a——砌筑采空空洞上覆岩土体影响高度(m);对于正规开采取 8~10 倍采厚,对于小窑开采取 6~8 倍采厚。

7.3.6 浆砌材料可采用毛料石或砖,毛料石应采用新鲜、耐风化的硬质岩石,强度等级不低于MU30,砖强度等级不低于MU15,砂浆强度等级不低于M10,混凝土强度等级不低于C20。

7.3.7 砌筑支撑可分为全部砌筑、条带砌筑、柱式砌筑支撑三种类型,砌筑体尺寸、高宽比设计应满足构造要求,并应符合现行国家标准《砌体结构设计规范》(GB 50003)中有关规定。

7.3.8 砌筑体间距的选用一般宜取砌筑体短边尺寸的1.0~1.5倍,或砌筑体的截面总面积不小于采空区处理面积的35%。

7.3.9 采用砌筑法进行采空区地基处理设计过程中,砌筑体的强度应满足公式(8)的要求。

$$f_{cu} \geqslant 4 \cdot \frac{P_z}{S_c} \quad \cdots\cdots\cdots\cdots\cdots\cdots\cdots\cdots (8)$$

式中:

f_{cu}——试块强度(MPa);

S_c——砌筑体表面积(m^2),$S_c = a \cdot b$;

P_z——砌筑法上覆荷载(kN)。

7.3.10 砌筑体结构应按承载力极限状态设计,满足正常使用极限状态要求,并应符合现行国家标准《砌体结构设计规范》(GB 50003)要求。

7.3.11 砌筑支撑法施工质量检验应对砌筑用石料、砂、水泥等原材以及砂浆强度、平面位置、高度、断面尺寸、顶面结合程度、表面平整度等进行检测,检测标准应符合下列要求:

a) 原材应有出厂合格证,材料强度应符合设计要求,砂浆的配合比应经试验确定。
b) 地基承载力应满足设计要求。
c) 砌石分层错缝、嵌填砂浆的饱满度和密实度应满足有关要求。
d) 砌体施工质量标准应满足表7要求。

表7 砌体质量标准

项次	检查项目		规定值或允许偏差	检测方法	检查数量
1	砂浆强度(MPa)		不应小于设计值	试块	不少于2组试件/台班
2	平面位置(mm)		50	实测	不少于5点/20 m(外边线)
3	断面尺寸(mm)		不应小于设计值	尺量	不少于4个断面/20 m
4	表面平整度(mm)	片石	20	直尺	5处/20 m(竖直和墙长方向)
5		块石	30		
6	顶面结合距离(mm)		10		3处/20 m

7.4 桩基穿(跨)越法设计

7.4.1 桩基穿越法适用于采空塌陷地表移动衰退期结束,且变形值达到稳定标准,采空区埋深不宜超过40 m的采空塌陷防治工程。梁板跨越法适宜于宽度小于10 m的稳定、基本稳定的巷道或地下硐室采空塌陷。桩基穿(跨)越法多用于桥梁、管道、水渠等线性工程。

7.4.2 建(构)筑物跨越采空塌陷宜采用简支结构,桩基底应置于稳定地层内,且桩基顶位于采空塌陷移动角范围之外,距离移动角边界的距离不小于20 m。

7.4.3 桩基穿过采空塌陷,应先对桩基周边采空塌陷进行灌浆或浆砌工程治理,治理范围应符合本规范6.2的规定。

7.4.4 采用穿越法处理的采空塌陷桩基设计等级,应满足现行行业标准《建筑桩基技术规范》(JGJ

94)对甲级设计等级的有关规定。

7.4.5 应选择坚硬完整和较完整岩底板作为桩端持力层，嵌岩深度应综合荷载、底板倾斜程度、桩径等诸因素确定；对嵌入倾斜底板完整和较完整基岩的全断面深度不宜小于0.8倍桩径且不小于1.0 m，倾斜度大于30%的中风化岩，宜根据底板倾斜度及岩石完整性适当加大嵌岩深度；对于嵌入平整、完整的坚硬岩和较硬岩采空区底板深度不宜小于0.4倍桩径且不小于0.4 m。

7.4.6 在采空区充水或未来可能充水的情况下，穿（跨）越法结构的耐久性应根据结构设计使用年限、现行国家标准《混凝土结构设计规范》(GB 50010)的环境类别规定进行设计。

7.4.7 桩身配筋应满足《建筑桩基技术规范》(JGJ 94)及《混凝土结构设计规范》(GB 50010)的相关要求。

7.4.8 单桩竖向极限承载力标准值应通过单桩静载试验确定，试验方法应按现行行业标准《建筑基桩检测技术规范》(JGJ 106)规定执行。大直径端承桩可通过深层平板载荷试验确定极限端阻力标准值，嵌岩桩可采用直径为0.3 m的岩基平板或直径为0.3 m的载荷嵌岩短墩确定极限端阻力标准值和极限侧阻力标准值。试验方法应符合现行国家标准《建筑地基基础设计规范》(GB 50007)的规定。

7.4.9 桩基穿越法工程桩质量检验应符合《建筑地基基础工程施工质量验收规范》(GB 50202)。检测应符合下列要求：

   a) 工程桩承载力应采用单桩静载试验的方法进行检测，有经验的地区，也可采用高应变动测法作为补充检测手段对工程桩单桩竖向承载力进行检测；检测数量不宜少于总桩数的5%，且不宜少于5根，单柱单桩应全部检测。

   b) 工程桩应采用钻芯法或声波透析法、动测法检测桩长、桩身的完整性；检测数量不宜少于总桩数的20%，且不应少于10根。

   c) 桩基质量检测应满足现行行业标准《建筑基桩检测技术规范》(JGJ 106)的要求。

7.5 井下巷道加固法设计

7.5.1 井下巷道加固法适用于对正在使用的生产、通风、运输巷道或废弃巷道的结构加固治理。

7.5.2 加固巷道的范围应符合本规范附录A的规定。

7.5.3 为了保证巷道和上覆建（构）筑物的稳定与安全，在不影响巷道使用功能的情况下，井下巷道加固措施主要包括注浆加固或锚杆加固。

7.5.4 井下巷道加固质量检验应按照《煤矿矿井巷道断面及交岔点设计规范》(MT/T 5024)及相关规范要求执行。

7.6 井下防水闸门设计

7.6.1 井下防水闸门是采用灌注充填法处置采空塌陷时的辅助工程措施，防止灌注充填施工时浆液或采空塌陷中的积水进入矿井生产系统，影响矿井生产安全，造成次生灾害。

7.6.2 井下防水闸门应紧密结合井下生产系统的布置，设于坚硬、稳定、完整致密的岩层中，并避开岩溶、断层、节理、裂隙发育的破碎地带，周边应留设保护矿（岩）柱，严禁受到采动影响，尽量设置在小断面和直线巷道中。

7.6.3 防水闸门前、后一段巷道必须采用混凝土结构，其各段长度不小于5 m。防水闸门及巷道应采用强度等级不低于C25的混凝土砌碹。当水压大于3 MPa时，在门框周边及硐室应加构造钢筋或配置工字钢框架；配置宽度应大于门框底面宽度。

7.6.4 设计水压应根据矿井水文地质条件、矿山疏排水方案、灌浆施工工艺等方面综合确定,可参考《采矿工程设计手册》中的相关规定。

7.6.5 防水闸门泄水方式可采用水管泄水、水沟泄水和泄水巷道泄水。

8 采空塌陷防治工程监测

8.1 一般规定

8.1.1 采空塌陷防治工程设计中应包含采空塌陷监测工程设计内容。对防治工程等级为Ⅰ、Ⅱ级以及Ⅲ级中对地表变形有严格要求的采空塌陷,应进行地表和建(构)筑物变形监测。

8.1.2 根据监测时间节点不同,采空塌陷防治监测包括施工期间监测、防治效果监测和长期动态监测。监测工程应以施工期间监测和防治效果监测为主,所布网点应可供长期监测使用。

8.1.3 施工期间监测应对采空塌陷进行实时监控,作为判断采空塌陷稳定状态、了解由于工程扰动等因素对采空塌陷的影响,及时指导工程实施、调整工程部署、安排施工进度、反馈设计和防治效果检验的重要依据。

8.1.4 防治效果监测将结合施工监测和长期监测进行,以了解工程实施后采空塌陷的变化特征,为评价防治工程效果及工程竣工验收提供科学依据,监测时间长度不应小于1个水文年。

8.1.5 长期监测主要针对Ⅰ级和Ⅱ级采空塌陷防治工程在工程竣工验收后,对采空塌陷进行的长期动态跟踪,了解采空塌陷稳定性变化特征。

8.1.6 采空塌陷变形监测宜采用连续自动数据采集方式进行。监测系统包括仪器安装、数据采集、传输和存储、数据处理、预测预报等。监测仪器的选择应遵循以下原则:
 a) 仪器的可靠性和稳定性好,维护方便。
 b) 仪器有能与采空塌陷变形相适应的足够的测量精度。
 c) 仪器的灵敏度高。
 d) 仪器具有防风、防雨、防潮、防震、防雷、防腐等与环境相适应的性能。

8.2 采空塌陷变形监测的方法及要求

8.2.1 变形监测的主要内容应包括地表的水平位移、垂直位移、地表裂缝及建(构)筑物沉降、倾斜等监测。监测内容和方法应符合表8的规定。

表8 采空塌陷监测内容及方法

监测内容	监测方法
水平位移	三角网、极坐标法、交会法、GNSS测量、激光准直法等
垂直位移	水准测量、三角高程测量等
裂缝监测	精密测距、伸缩仪、测缝计、位移计等
建(构)筑物监测	经纬仪投点法、差异沉降法、激光准直法等

8.2.2 特殊工程须对岩体深部位移、地下水位、孔隙水压力、地应力等内容进行监测时,应专项研究。

8.2.3 采空塌陷变形监测基准点应设置在不受采动影响的稳定区域。

8.2.4 采空塌陷变形监测点的埋设、精度要求、基准点的设置等除应符合现行国家标准《煤矿采空区岩土工程勘察规范》(GB 51044)、《采空塌陷勘查规范》(T/CAGHP 005)的规定外,尚应符合现行国家标准《工程测量规范》(GB 50026)以及《建筑变形测量规范》(JGJ 8)的有关规定。

8.2.5 采空塌陷区地表变形监测点位选择应符合下列要求:
  a) 应根据矿层走向布设监测断面。
  b) 中间区、内边缘区和外边缘区均应有监测点。
  c) 监测点应不受施工影响。

8.2.6 采空区地表变形监测周期应符合下列要求:
  a) 施工前应每半个月观测1次,至少观测两次。
  b) 施工中应每半个月观测1次。
  c) 施工后可每半个月观测1次。当地表倾斜值$i \leqslant 3.0$ mm/m、地表曲率$k \leqslant 0.2 \times 10^{-3}$/m、地表水平变形$\varepsilon \leqslant 2.0$ mm/m时,可每个月观测1次。当半年的地表下沉量小于10 mm时,可每年观测1次。

8.2.7 采空区施工后监测稳定标准,应同时符合下列要求:
  a) 建(构)筑物变形应满足现行国家标准《建筑地基基础设计规范》(GB 50007)地基变形允许值的规定。
  b) 地表的变形值满足$i < \pm 3$ mm/m,$k < \pm 0.2 \times 10^{-3}$/m,$\varepsilon < \pm 2$ mm/m。
  c) 连续6个月累计沉降量不超过10 mm。

8.2.8 监测结果应修正回填土、软弱土、湿陷性黄土或其他特殊性岩土对数据的影响。

8.2.9 当变形监测过程中发生下列情况之一时,必须报告委托方,同时应及时调整变形观测方案或增加观测次数:
  a) 变形量或变形速率出现异常变化。
  b) 变形量达到或超过预警值。
  c) 采空区发生突然坍塌、陷落、地表裂缝、边坡失稳、滑坡等不良地质作用。
  d) 建(构)筑物本身、周边建筑及地表出现异常。
  e) 由于地震、地下水抽放、邻近矿区复采等活化因素诱发引起的采空区其他变形异常情况。
  f) 采动边坡已经破坏或可能出现严重后果的。

8.2.10 采空塌陷变形监测成果应包括下列内容:
  a) 沉降观测点平面布置图。
  b) 沉降成果表。
  c) 沉降曲线图。
  d) 水平位移观测点布置图。
  e) 水平位移观测成果图。
  f) 水平位移曲线图。
  g) 地表变形监测点平面图。
  h) 地表变形监测成果图。
  i) 地表变形趋势图。

9 施工组织

9.1 一般规定

9.1.1 采空塌陷防治工程施工开工前应编制切实可行的施工组织设计。对于重要的分项工程应编制分项工程施工组织设计。

9.1.2 采空塌陷防治工程的施工,应根据采空塌陷防治工程施工的难度,合理划分施工区段及施工顺序。根据气候条件,安排施工季节。

9.1.3 施工组织设计应积极采用和推广可靠的新技术、新工艺和新材料,宜优先考虑利用工程所在地广泛分布的工程材料,合理利用矿渣、尾矿等废弃物,并应遵守国家现行安全生产和环境保护等有关规定。

9.1.4 编制施工组织设计前,应做好施工技术及施工场地准备工作。

9.2 施工组织设计内容和要求

9.2.1 施工组织设计的内容应包括编制依据、工程概况、施工部署、施工进度计划、施工准备与资源配置计划、主要施工方法、施工现场平面布置及主要施工质量、安全进度管理计划等基本内容。

9.2.2 根据工程量、工期要求及材料、构件、机具和劳动力的供应情况,结合现场情况拟定施工方案,编制计划网络图。

9.2.3 施工方法应根据各分部分项工程的特点选择,着重于施工的机械化、专业化。对新技术、新材料和新工艺,尚应说明其工艺流程。

9.2.4 应在满足工期要求的情况下确定施工顺序,划分施工项目和流水作业段,计算工程量,确定施工项目的作业时间,组织各施工项目间的衔接关系,编制进度图表。

9.2.5 施工组织设计中应对各项资源需求量进行计划,包括材料、构件和加工半成品、劳动力、机械设备等,编制资源需求量计划表。

9.2.6 施工平面图应标明工程所需的施工机械、加工场地、材料等的堆放场地和水电管网与公路运输、防火设施等并合理布置。

9.2.7 根据工程特点和工期,制定切实可行的保证工程质量、安全、进度、雨季施工等具体措施。

9.2.8 为便于工程的实施,应在施工组织设计中提出临时设施计划,包括工地临时房屋、临时供水、临时供电等设施。

9.2.9 采空塌陷地质条件复杂地段,施工组织设计中应预测可能出现的故障情况,并提出解决措施。

9.2.10 对于稳定性差的采空塌陷在施工期间可能发生地面塌陷、变形加剧等紧急险情,应编制抢险预案。

10 工程质量验收

10.1 采空塌陷防治工程质量评定标准,适用于中间检查和竣(交)工验收。

10.2 施工单位应在每道工序完成后进行相应的自检和验收,监理工程师应参加验收,并做好隐蔽工程记录。验收不合格时,不允许进入下一道施工工序。重要的中间工程和隐蔽工程应由建设单位代表、监理工程师和设计代表共同参加检查验收。

10.3 工程完成后,施工单位应对工程质量进行自检和评定,自检合格后,将竣工报告有关资料提交建设单位,由建设单位委托具有工程质量检测资质的单位对工程质量进行检测。建设单位收到工程质量检测报告后,组织当地工程质量监督部门、监理工程师、设计代表及验收专家组进行检查、验收和质量评定。验收文件应经以上各方签字认可。

10.4 工程验收应检查竣工档案、工程数量和质量,填写工程质量检查表,评定工程质量等级。

10.5 工程检查项目应由保证项目、基本项目、允许偏差项目和竣工档案资料四部分组成。保证项目应符合评定标准的规定。在该前提下根据其他项目的情况评定质量等级。

10.6 采空塌陷防治工程质量等级分为合格和不合格。不合格的工程经返工达到要求后，可评定为合格；经返工仍未达到要求的，不能通过验收。

10.7 采空塌陷工程验收时，应提交下列资料：

a) 采空塌陷勘查报告、采空塌陷防治施工图、图纸会审纪要（记录）、设计变更单及材料代用通知单等。

b) 经审定的施工组织总设计、分部分项工程施工组织设计、施工方案及执行中的变更情况、开工报告。

c) 防治工程测量放线图及其签证单。

d) 原材料（水泥、砂、石料、外加剂等）出厂合格证及复检报告。

e) 浆液配合比试验报告。

f) 浆液试块强度试验报告。

g) 钻孔施工资料：施工放样表、钻孔班报表、地质编录表、钻孔柱状图（指取芯孔）、单孔钻探成果汇总表、钻孔终孔检验单、中间验收申请表、工程报验单和驻地监理的工程检验认可书。

h) 灌浆施工资料：单孔灌浆量设计、灌浆班报记录表、浆液试验检测记录表、灌浆监理旁站记录表、单孔灌浆成果汇总表、钻孔灌浆完工检验单、中间检验申请单、工程报验单和驻地监理的工程检验认可书。

i) 各分部分项质量检查报告。

j) 工程质量检测报告。

k) 竣工报告及竣工图。

l) 采空塌陷监测报告（包括整个施工期及施工完成后1个水文年）。

m) 其他相关资料。

附 录 A
（规范性附录）
采空塌陷防治范围计算公式

A.1 采空塌陷防治的范围计算

A.1.1 采空塌陷防治的范围 B 由建（构）筑物宽度、围护带宽度、采空塌陷覆岩移动的影响宽度三部分组成，可按式（A.1）计算：

$$B = D + 2d + D_1 + D_2 \quad\quad\quad (A.1)$$

式中：
B——采空塌陷防治的宽度（m）；
D——建（构）筑物宽度（m）；
d——围护带宽度（m）；
D_1——采空塌陷上山方向覆岩移动影响宽度（m）；
D_2——采空塌陷下山方向覆岩移动影响宽度（m）。

A.1.2 建（构）筑物地基地表水平时，以建（构）筑物宽度为界；建（构）筑物地基为填方区时，以建（构）物地基填方坡脚为界；建（构）筑物地基为挖方区时，以建（构）筑物地基边坡的坡顶边界为界；采空塌陷位于地下工程（隧道、厂房等）之下时，以地下工程外边界为界。

A.1.3 围护带宽度按表 A.1 规定取值。

表 A.1 围护带宽度表

防治工程等级	Ⅰ	Ⅱ	Ⅲ	Ⅳ
围护带宽度 d(m)	20	15～20	10～15	5～10

A.1.4 采空塌陷覆岩移动影响宽度计算。
（i）对于水平矿层采空塌陷（图 A.1）

$$D_1 = D_2 = h\cot\varphi + H\cot\delta \quad\quad\quad (A.2)$$

式中：
D_1——采空塌陷上山方向覆岩移动影响宽度（m）；
D_2——采空塌陷下山方向覆岩移动影响宽度（m）；

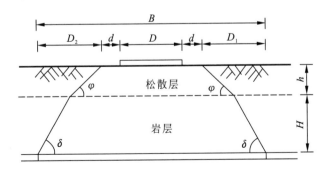

图 A.1 水平矿层采空塌陷治理宽度计算简图

h——地表松散层厚度(m);

H——采空塌陷上覆岩层厚度(m);

φ——松散层移动角(°);

δ——走向方向采空塌陷上覆岩层移动影响角(°)。

(ii) 对于倾斜矿层采空塌陷

(ii.1) 当建(构)筑物短轴方向与矿层走向垂直时,建(构)筑物短轴方向上每点的宽度可按水平矿层采空塌陷的公式计算;

(ii.2) 当建(构)筑物短轴方向与岩层走向平行时(图 A.2)

$$\left.\begin{aligned} D_1 &= h\cot\varphi + H_1\cot\beta \\ D_2 &= h\cot\varphi + H_2\cot\gamma \end{aligned}\right\} \quad\quad\quad\quad\quad (A.3)$$

式中:

D_1——采空塌陷上山方向覆岩移动影响宽度(m);

D_2——采空塌陷下山方向覆岩移动影响宽度(m);

h——地表松散层厚度(m);

H_1——采空塌陷上山边界上覆岩层厚度(m);

H_2——采空塌陷下山边界上覆岩层厚度(m);

φ——松散层移动角(°);

β——采空塌陷下山方向上覆岩层移动影响角(°);

γ——采空塌陷上山方向上覆岩层移动影响角(°)。

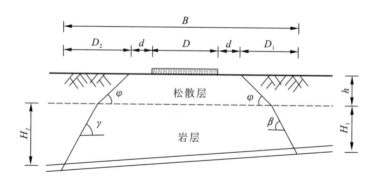

图 A.2 倾斜矿层采空塌陷且建(构)筑物短轴方向
与矿层走向平行时治理宽度计算简图

(ii.3) 当建(构)筑物短轴方向与矿层走向斜交时

$$\left.\begin{aligned} D_1 &= h\cot\varphi + H_1\cot\beta' \\ D_2 &= h\cot\varphi + H_2\cot\gamma' \\ \cot\beta' &= \sqrt{\cot^2\beta\cos^2\theta + \cot^2\delta\sin^2\theta} \\ \cot\gamma' &= \sqrt{\cot^2\gamma\cos^2\theta + \cot^2\delta\sin^2\theta} \end{aligned}\right\} \quad\quad\quad\quad (A.4)$$

式中:

D_1——采空塌陷上山方向覆岩移动影响宽度(m);

D_2——采空塌陷下山方向覆岩移动影响宽度(m);

h——地表松散层厚度(m);

H_1——采空塌陷上山边界上覆岩层厚度(m);

H_2——采空塌陷下山边界上覆岩层厚度(m);

β'——采空塌陷下山方向上覆岩层斜交移动影响角(°);

γ'——采空塌陷上山方向上覆岩层斜交移动影响角(°);

φ——松散层移动角(°);

β——采空塌陷下山方向上覆岩层移动影响角(°);

γ——采空塌陷上山方向上覆岩层移动影响角(°);

δ——走向方向采空塌陷上覆岩层移动影响角(°);

θ——围护带边界与矿层倾向线之间夹角(°)。

A.1.5 基岩移动影响角可按表A.2的规定取值,松散层移动角按45°取值。

表 A.2 采空塌陷影响宽度基岩移动影响角(γ,δ)取值

采空塌陷类型	基岩移动影响角					
	新(准)采空塌陷(覆岩移动影响角)			老采空塌陷(覆岩活化移动影响角)		
采区回采率	≤40%	40%~60%	≥60%	≤40%	40%~60%	≥60%
坚硬覆盖 R_c≥60 MPa	78°~83°	76°~82°	75°~80°	85°~88°	82°~86°	80°~85°
中硬覆岩 30 MPa<R_c<60 MPa	73°~78°	72°~76°	70°~75°	80°~85°	77°~82°	75°~80°
软弱覆岩 R_c≤30MPa	64°~73°	62°~72°	60°~70°	75°~80°	72°~77°	70°~75°

注1:R_c为岩石天然单轴抗压强度。表中数据为水平矿层移动影响角δ和倾斜矿层上山方向移动影响角γ的取值。倾斜矿层倾向下山方向移动影响角$\beta=\delta-k\alpha$。式中α为矿层倾角(°);k为常数:坚硬覆岩$k=0.7\sim0.8$,中硬覆岩$k=0.6\sim0.7$,软弱覆岩$k=0.5\sim0.6$。

注2:本表适用于地形较为平坦、地表倾角小于15°的地区。当建(构)筑物位于山地坡脚等低注部位,邻近一侧山体上坡方向下方有新采区或准采区时,应考虑建(构)筑物可能受到采动滑移影响,此时$\delta(\gamma)$移动影响角应减小10°~15°,坡角越大,移动影响角$\delta(\gamma)$越小。

注3:取值时应考虑开采深厚比对移动角的影响。当开采深厚比大时,移动影响角取大值;当开采深厚比小时,移动影响角取小值。

A.2 采空塌陷治理的长度

采空塌陷治理的长度为建(构)筑物长轴方向实际长度与覆岩移动影响范围之和(图A.3)

$$L=L_0+2h\cot\varphi+H_1\cot\beta+H_2\cot\gamma \quad\quad\quad (A.5)$$

式中:

L_0——采空塌陷长度(m);

h——地表松散层厚度(m);

H_1——采空塌陷上山边界上覆岩层厚度(m);

H_2——采空塌陷下山边界上覆岩层厚度(m);

φ——松散层移动角(°);

β——采空塌陷下山方向上覆岩层移动影响角(°);

γ——采空塌陷上山方向上覆岩层移动影响角(°)。

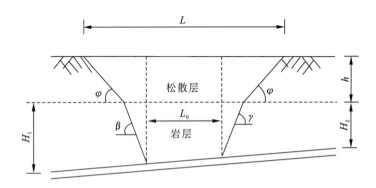

图 A.3 采空塌陷治理长度计算简图

A.3 采空塌陷治理深度

A.3.1 当治理范围位于采空塌陷边界以内时,其治理深度应为地面至采空塌陷底板以下 1 m 处。

A.3.2 当治理范围位于采空塌陷边界外侧至岩层移动影响范围以内时(图 A.4)

$$\left.\begin{array}{l}h = h_1 + h_2 \\ h_1 = H - l\tan\delta\end{array}\right\} \quad \cdots\cdots\cdots\cdots\cdots\cdots\cdots\cdots\cdots (A.6)$$

式中:

H——采空塌陷埋深(m);

l——灌浆孔距采空塌陷边界的距离(m);

δ——矿层移动影响角(°);

h_1——影响裂隙带以上的治理深度(m);

h_2——影响裂隙带以下的治理深度,取 5 m~10 m 为宜。

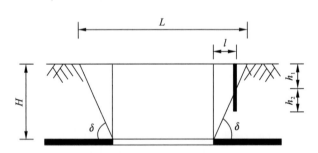

图 A.4 采空塌陷外侧治理深度计算简图

附 录 B
（规范性附录）
水泥粉煤灰浆和水泥黏土浆中各材料用量计算公式

B.1 水泥粉煤灰浆和水泥黏土浆中各材料用量可按式(B.1)~式(B.3)计算：

$$W_c = a_c \frac{V_g}{\frac{a_c}{d_c} + \frac{a_e}{d_e} + \frac{a_w}{d_w}} \quad\quad\quad\quad (B.1)$$

$$W_e = a_e \frac{V_g}{\frac{a_c}{d_c} + \frac{a_e}{d_e} + \frac{a_w}{d_w}} \quad\quad\quad\quad (B.2)$$

$$W_w = a_w \frac{V_g}{\frac{a_c}{d_c} + \frac{a_e}{d_e} + \frac{a_w}{d_w}} \quad\quad\quad\quad (B.3)$$

式中：

W_c——水泥质量(kg)；

W_e——黏性土(或粉煤灰)质量(kg)；

W_w——水的质量(kg)；

V_g——水泥浆体积(L)；

a_c——浆液中水泥所占质量比例；

a_e——浆液中黏性土(或粉煤灰)所占质量比例；

a_w——浆液中水所占质量比例；

d_c——水泥的密度(kg/L)，可取 $d_c=3$ kg/L；

d_e——黏性土(或粉煤灰)的密度(kg/L)；

d_w——水的密度(kg/L)。